吴鹏——著　刘玥——绘

出发！去太空！

火箭是个快递员

中信出版集团 | 北京

图书在版编目（CIP）数据

火箭是个快递员 / 吴鹏著 ; 刘玥绘 . -- 北京 : 中信出版社 , 2024. 8（2024.12重印）. --（出发！去太空！）. -- ISBN 978-7-5217-6699-8

Ⅰ . V475.1-49

中国国家版本馆 CIP 数据核字第 2024PV3884 号

火箭是个快递员
（出发！去太空！）

著　　者：吴鹏
绘　　者：刘玥
出版发行：中信出版集团股份有限公司
（北京市朝阳区东三环北路27号嘉铭中心　邮编　100020）
承 印 者：北京启航东方印刷有限公司

开　　本：787mm × 1092mm　1/16　　印　　张：3　　字　　数：75千字
版　　次：2024年 8月第 1 版　　印　　次：2024年12月第2次印刷
书　　号：ISBN 978-7-5217-6699-8
定　　价：99.00元（全5册）

前言

“航天人的梦想很近，抬头就能看到；航天人的梦想也很远，需要长久跋涉才能实现。”

中国人的航天梦已行千年，从女娲补天、夸父追日开始，到今天“嫦娥”揽月、“北斗”指路……我们从浪漫想象出发，脚踏实地，步步跋涉，终于将遥远的飞天梦想变成了近在咫尺、抬头可望的现实。

其实，筑梦星辰离不开我们的基础物理学，是物理学为我们架起了向太空探索的阶梯。

“出发！去太空！”系列在向孩子们展示航天领域前沿技术成果的同时，也为他们介绍了这些科技成果背后的物理知识。全套书共 5 册，分别以火箭、卫星、飞船、探测器、空间站为主题，囊括了当今世界上各种先进的航天器。我们以中国当下最前沿的航天器为代表，在书中回答了孩子们好奇和关心的一系列问题。比如火箭发射时为何会腾云驾雾？卫星为什么不会掉下来？飞船返回地球时为什么会着火？航天员在空间站是否要喝尿？这些小问题的背后，其实也都蕴含着物理原理。

火箭是运载工具，它就像一个快递员一样，能够把其他航天器送入太空。在本书中，我们将从观察一个气球的喷气运动开始，轻松了解火箭的工作原理、飞行速度、结构等，一一揭开火箭一飞冲天背后的秘密。

我们希望这套书不仅能启发孩子从物理学的视角去认识世界、解决问题，更希望它能像一粒种子，在孩子心中种下“上九天揽月”的壮志，让未来的他们能有机会为“科技自强”写下生动的注脚。

第一章

火箭如何飞向太空?

卡门线

卡门线在距离地面 100km 处,可以认为它是地球大气层与太空的分界线。因此,卡门线以内被称为航空空间,卡门线以外被称为航天空间。

球囊
燃烧器
吊篮
我肚子里装的是热空气，它比外面的冷空气轻，所以靠着这股热空气我就飞起来了。我离不开空气。
热空气
冷空气

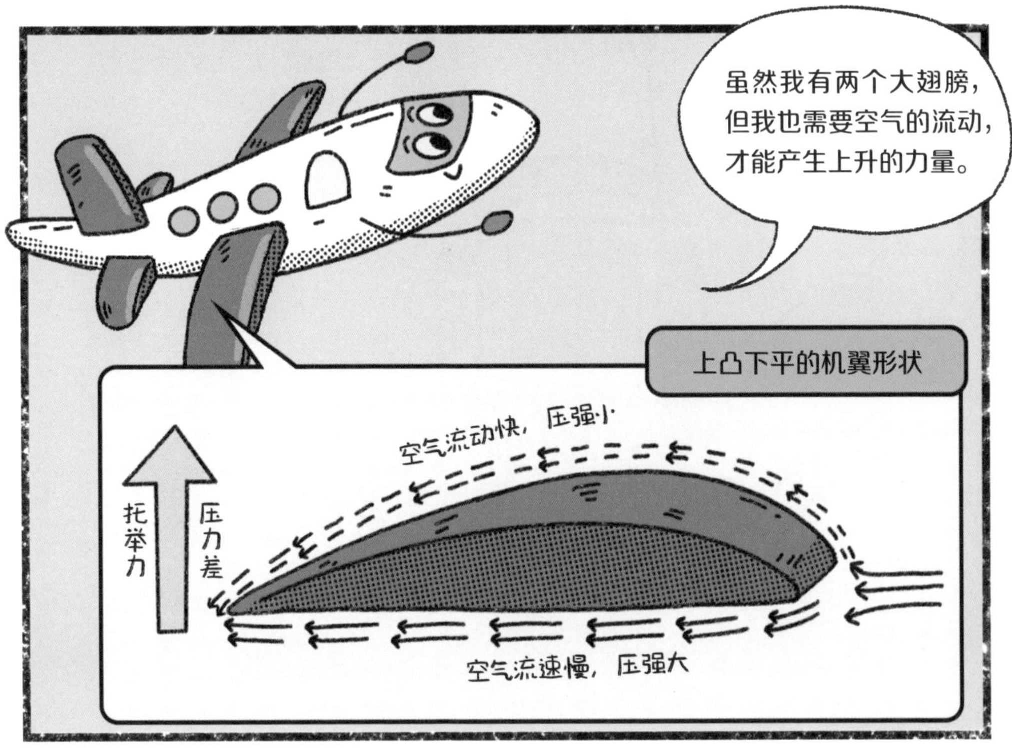
虽然我有两个大翅膀，但我也需要空气的流动，才能产生上升的力量。
上凸下平的机翼形状
空气流动快，压强小
托举力
压力差
空气流速慢，压强大

热气球和飞机都要借助空气才能飞行，因此它们只能在大气层内飞行。而火箭自身携带的燃料不需要依赖空气就能燃烧，而且火箭利用发动机喷气时产生的反作用力飞行，不依赖空气就能一直飞出大气层。
我就不需要空气，就算在没有空气的地方也能飞。
我的肚子里装了许多燃料，点着后会有大量的气体从屁股后面喷出。
我就是靠这股气体喷出时产生的反作用力向前飞行的。
轰
轰
轰

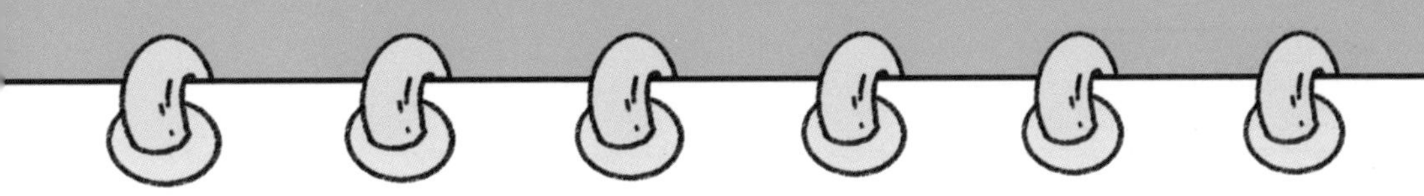

物理课堂

什么是“反冲”？

火箭升空和气球喷气飞行的原理一样，它们喷出的气体会对其产生反方向的推力，这个推力就叫“反冲力”。如图，当气球内的气体朝一个方向喷出时，气球本身会向相反方向运动，这就是**反冲运动**。

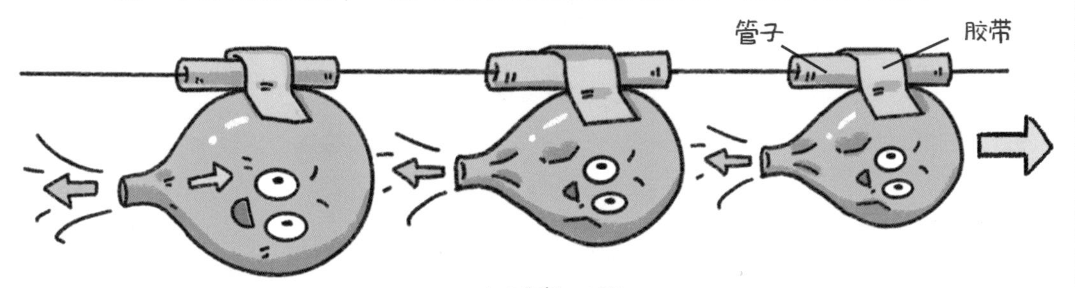

气球喷气过程

章鱼是怎么游泳的？

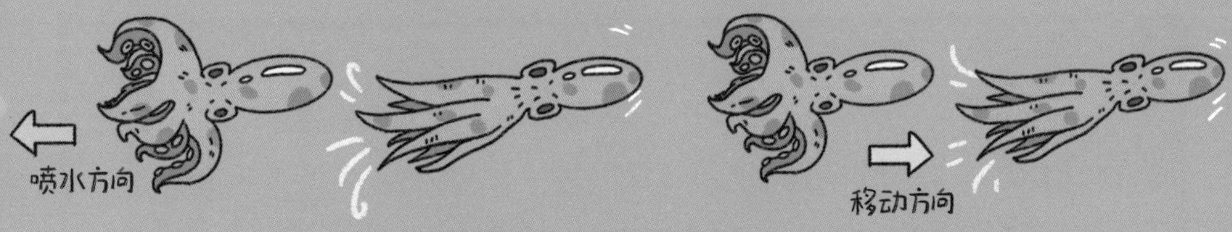

它们先把水吸入身体，然后用力压水，将水快速喷出，使身体沿着相反方向运动。它们还能调整喷水口的方向，以此控制身体前进的方向。

万户飞天

鸟为啥会飞？
我有翅膀，
你又没有！

那风筝为啥会飞？
我身体轻，靠风就能飞
起来。你这体重，十级
大风也吹不动！

那炮仗为啥会飞？
没想到吧，我里面有火药，
可以一飞冲天！

那我如果有风的力量和火药的助推力，岂不是也能飞起来了？
哈哈！我真是个小机灵鬼。

多年后……
我有 47 个大炮仗，先用我！
别吵！
咚咚咚
兄弟，少抢我风头！
还有我！

万户为自己的飞天梦想付出了生命，这太危险了！你有什么方法既能保证自己的安全，又能顺利完成升空试验呢？

第二章

火箭的速度究竟有多快？

火箭的速度究竟有多快？如果用世界冠军博尔特的奔跑速度来比较，火箭每秒钟飞行的距离，博尔特以最快速度也要跑上十几分钟。

我要超越博尔特！
还没有达到博尔特百米 9 秒 58 的速度！

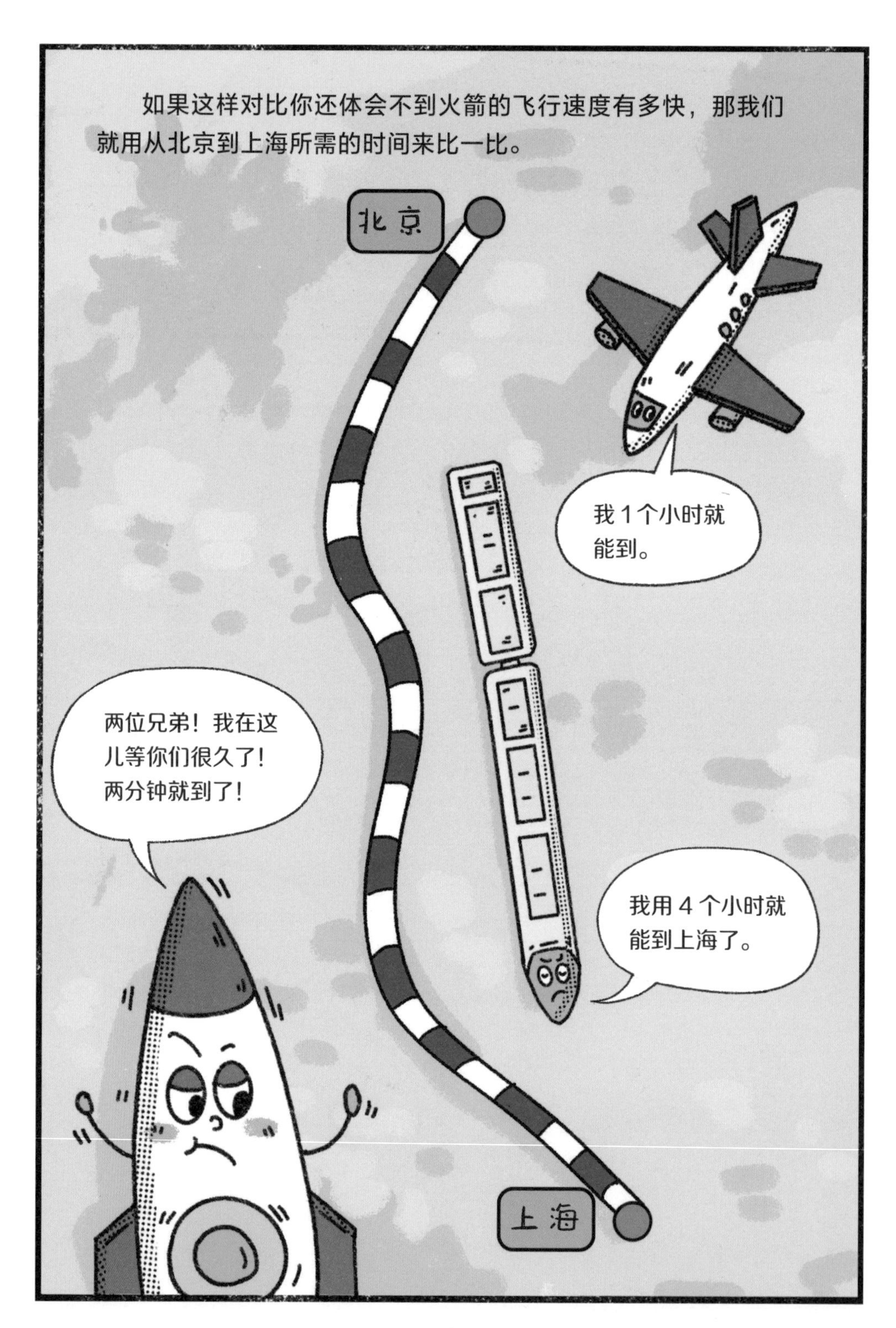
如果这样对比你还体会不到火箭的飞行速度有多快，那我们就用从北京到上海所需的时间来比一比。
北京
我 1 个小时就能到。
我用 4 个小时就能到上海了。
两位兄弟！我在这儿等你们很久了！两分钟就到了！
上海

第一宇宙速度

物体环绕地球表面做匀速圆周运动的速度被称为第一宇宙速度，大约为 7.9 千米 / 秒。也就是说，只要你的速度达到 7.9 千米 / 秒，你就可以绕着地球飞行，不会坠落。

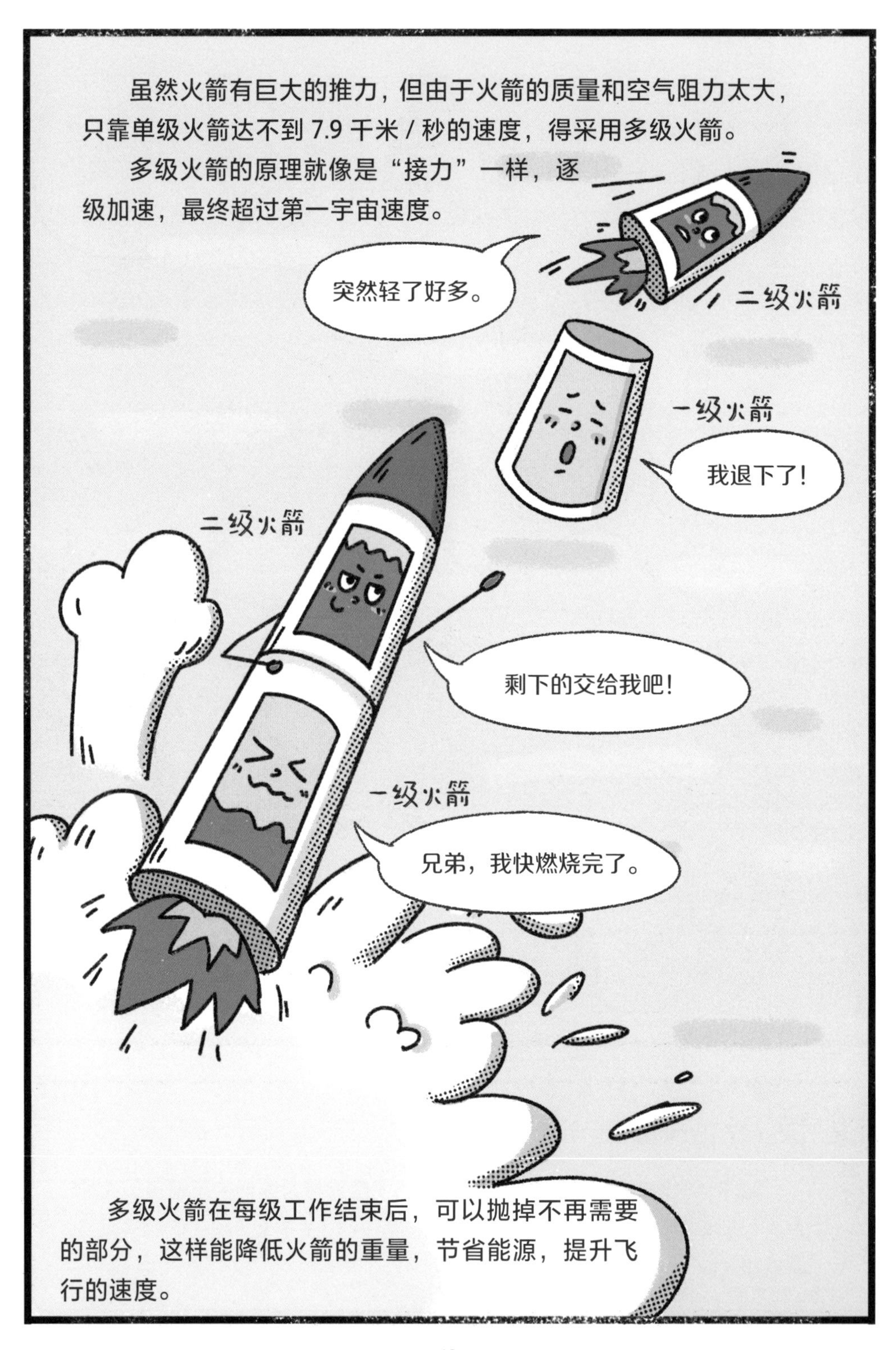
虽然火箭有巨大的推力，但由于火箭的质量和空气阻力太大，只靠单级火箭达不到 7.9 千米 / 秒的速度，得采用多级火箭。
多级火箭的原理就像是“接力”一样，逐级加速，最终超过第一宇宙速度。
突然轻了好多。
二级火箭
一级火箭
我退下了！
二级火箭
剩下的交给我吧！
一级火箭
兄弟，我快燃烧完了。
多级火箭在每级工作结束后，可以抛掉不再需要的部分，这样能降低火箭的重量，节省能源，提升飞行的速度。

没事，我已经达到第一宇宙速度啦！
卫星
整流罩
二级火箭
我燃烧完了，撤了！
成功！终于进入轨道了，我可太不容易了！
早去早回！

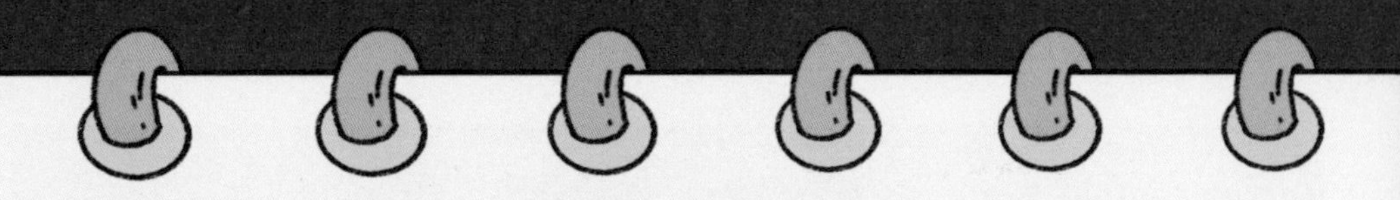

物理课堂

什么是第一宇宙速度？

物体环绕地球表面做匀速圆周运动的速度，称为第一宇宙速度，大约为 7.9 千米 / 秒。也就是说，只有物体的速度达到 7.9 千米 / 秒，才可以绕着地球飞行，不会掉落。

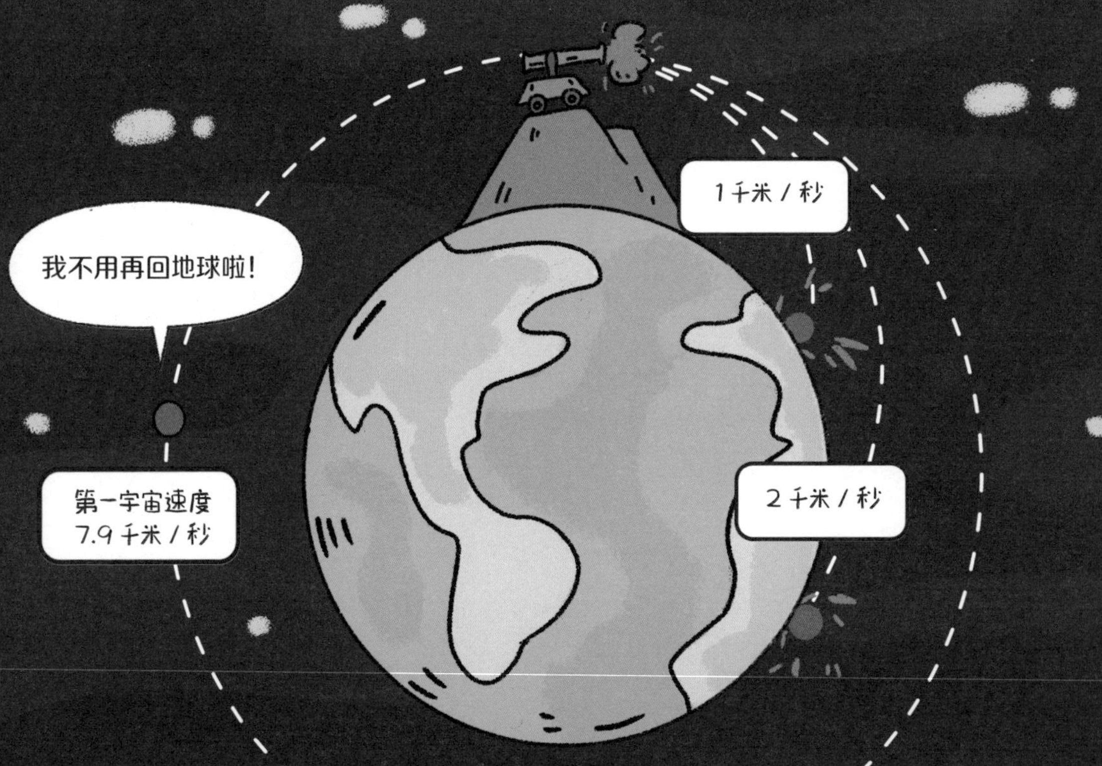

牛顿说，如果在高山上架起一门大炮，只要速度足够快，炮弹就可以围绕地球不停地转而不会掉下来。这门威力巨大的大炮叫作“牛顿大炮”。

第三章
火箭一飞冲天的秘密
我叫燃烧剂！
我叫氧化剂！
我们俩组合成火箭的推进剂，能够燃烧释放能量，帮助火箭一飞冲天！

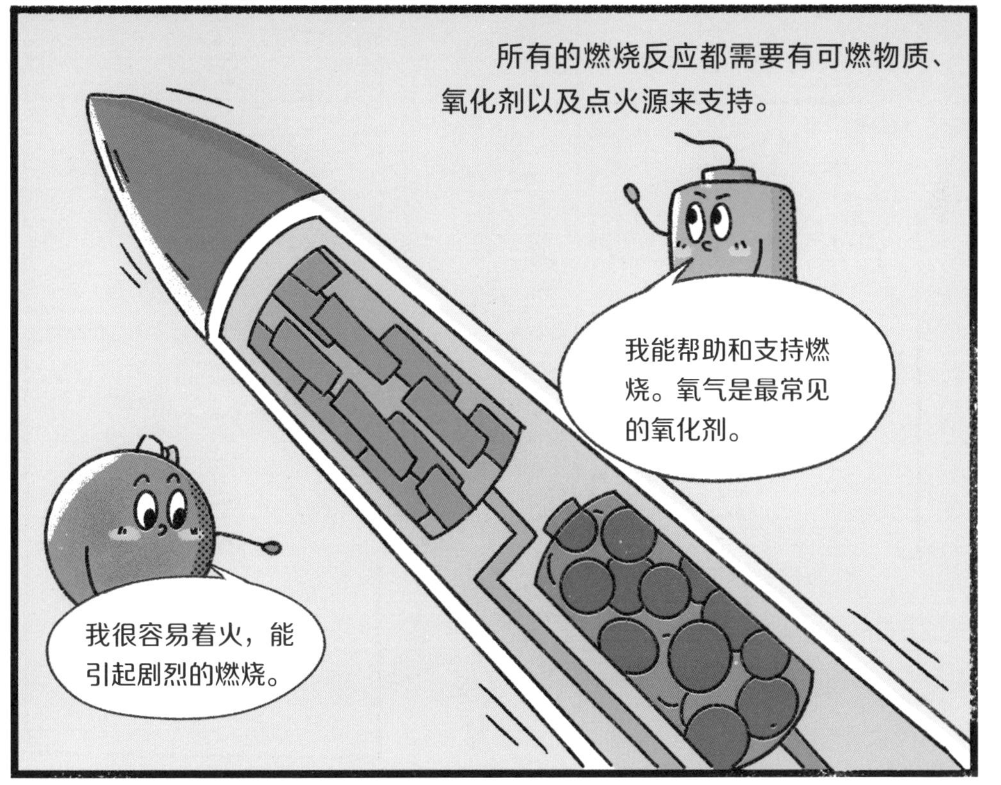
所有的燃烧反应都需要有可燃物质、氧化剂以及点火源来支持。
我能帮助和支持燃烧。氧气是最常见的氧化剂。
我很容易着火，能引起剧烈的燃烧。

看我们是如何帮助火箭一飞冲天的！
我先走一步。
我也来了！
涡轮泵可以把我们泵入燃烧室了。
涡轮泵
兄弟们又要见面了。
哎呀，别挤别挤！
点火器发电
燃烧室
啊啊啊！你也挤到我了！
喷嘴
啊啊啊。我们开始往外喷气，任务完成，火箭准备升空！

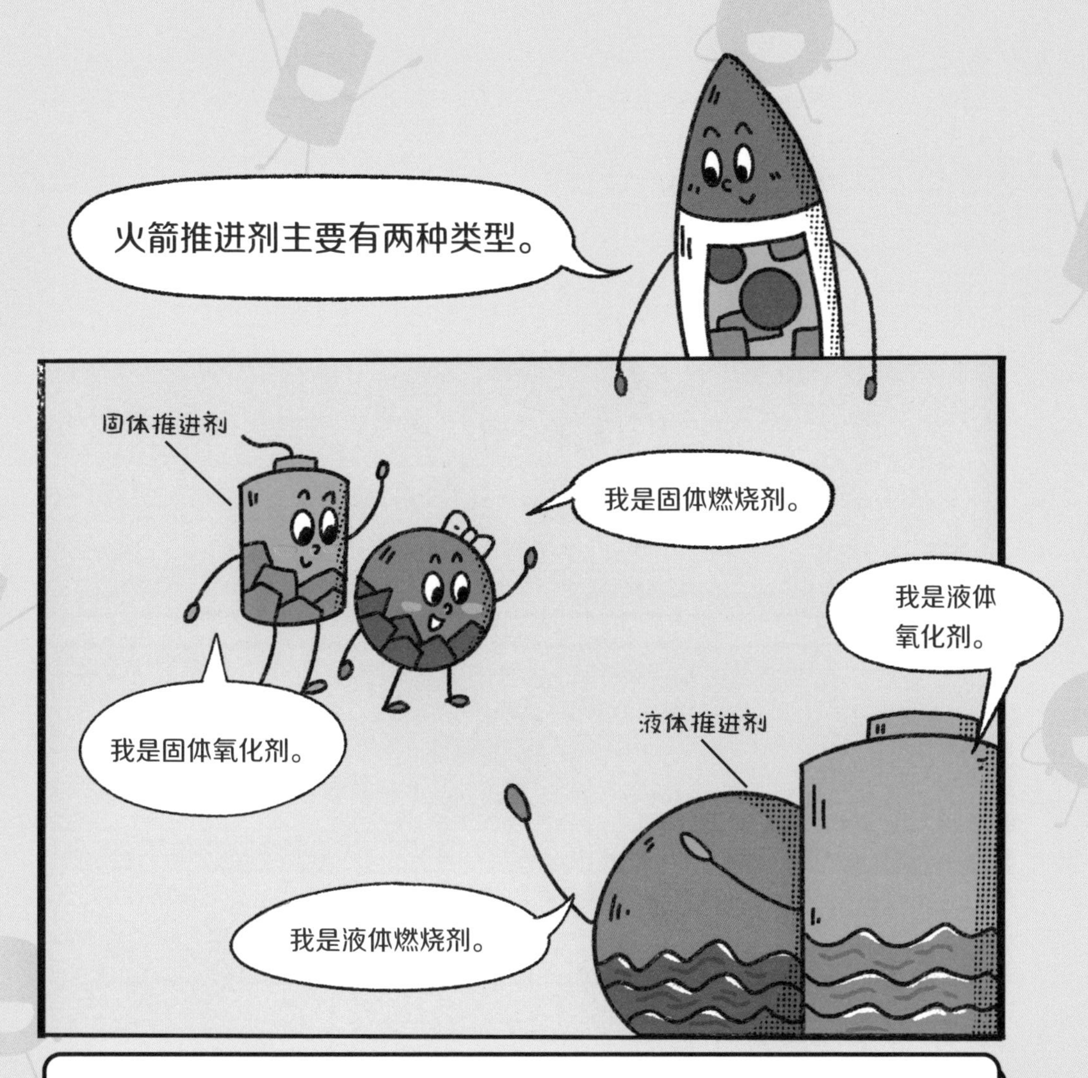

固体推进剂

它是由固体氧化剂、燃烧剂及添加剂组成的固体混合物。无法像液体推进剂一样通过开关控制推力。

液体推进剂

液体推进剂目前有三种：液氧煤油、液氧液氢、四氧化二氮-肼类。液体推进剂中的氧化剂和燃烧剂不能混合储存，必须单独存放。

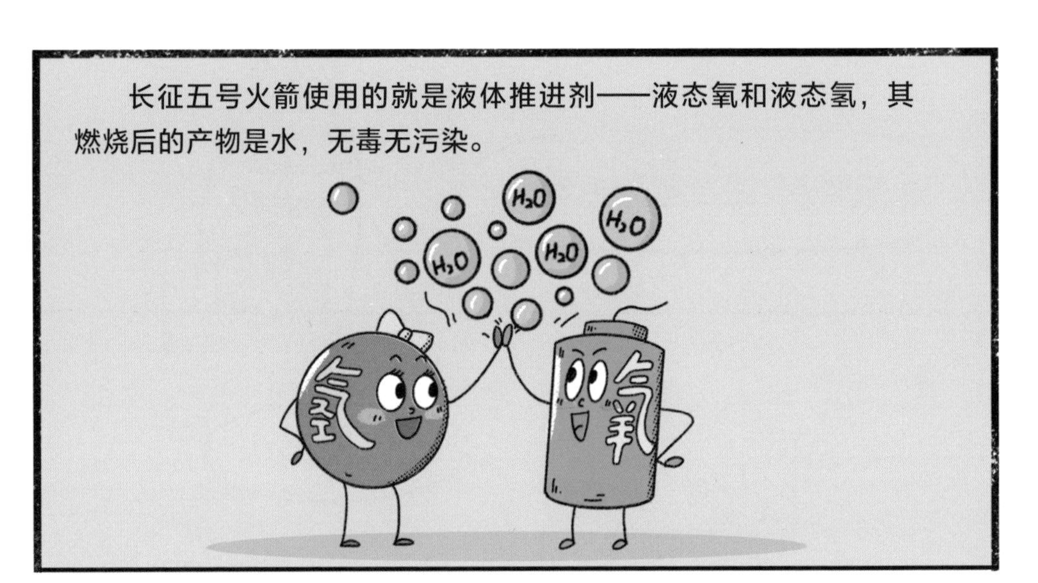
长征五号火箭使用的就是液体推进剂——液态氧和液态氢，其燃烧后的产物是水，无毒无污染。
氢
氧

液态氧和液态氢的另一个特点就是温度特别低。因此，长征五号火箭也被称为“冰箭”。
好冷啊，我感觉我肚子里面就像一个大冰窖。
你看我身上都冒白烟了！
我的温度是 -183℃！
我的温度是 -252℃！
现在知道长征五号为什么叫“冰箭”了吧！

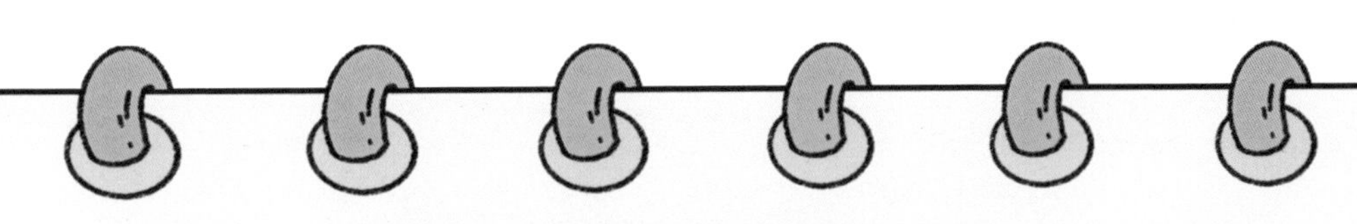

物理课堂

什么是绝对零度？

首先说一下什么是温度，温度表示的是物体的冷热程度。从微观上看，温度代表了物体分子运动的平均剧烈程度。

20℃
50℃
100℃
温度低，我跑得慢。
随着温度升高，我变快了。
温度太高啦！啊！我跑得更快啦！

那如果我停止运动呢？
此时的温度就是“绝对零度”（-273.15℃），这也是宇宙中的最低温度。

根据热力学第三定律，绝对零度不可能达到，因为分子在永不停息地做无规则运动。

火箭外壳比蛋壳还薄，这是真的吗？

这怎么可能？

大家肯定都觉得，火箭外壳一定特别厚重，这样才能保证火箭足够坚固。
胖五

其实，火箭的外壳很薄。就以我们称为“胖五”的长征五号为例，它整流罩的“蒙皮”厚度只有 0.3 毫米。
整流罩
蒙皮厚度
0.3 毫米
这简直和我的蛋壳厚度差不多，可真薄呀！

这么薄的蒙皮是什么材料做的？

蒙皮的主要材料为铝合金，这种材料强度高、耐腐蚀、重量轻。

火箭外壳设计得那么薄，主要是为了给火箭减重。蒙皮薄了，就可以装更多的推进剂，放更多、更重的航天器。

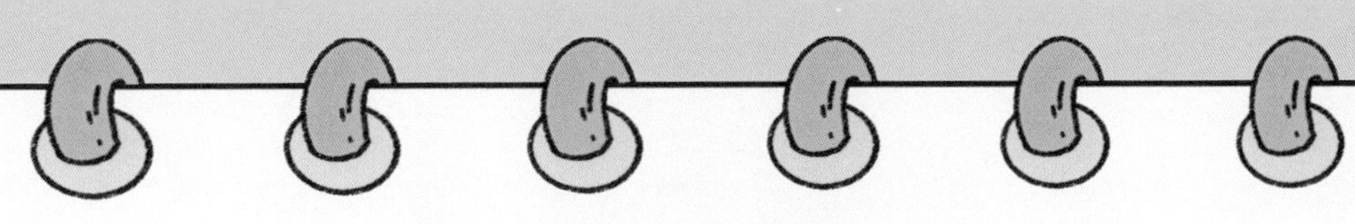

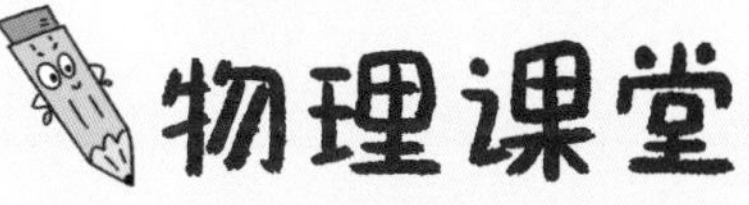

物理课堂

如何保证火箭的坚固性？

除了蒙皮，火箭的外壳还包括桁条和框环。桁条和框环组成了一个个圆柱形的框架，框架会与蒙皮铆接在一起。

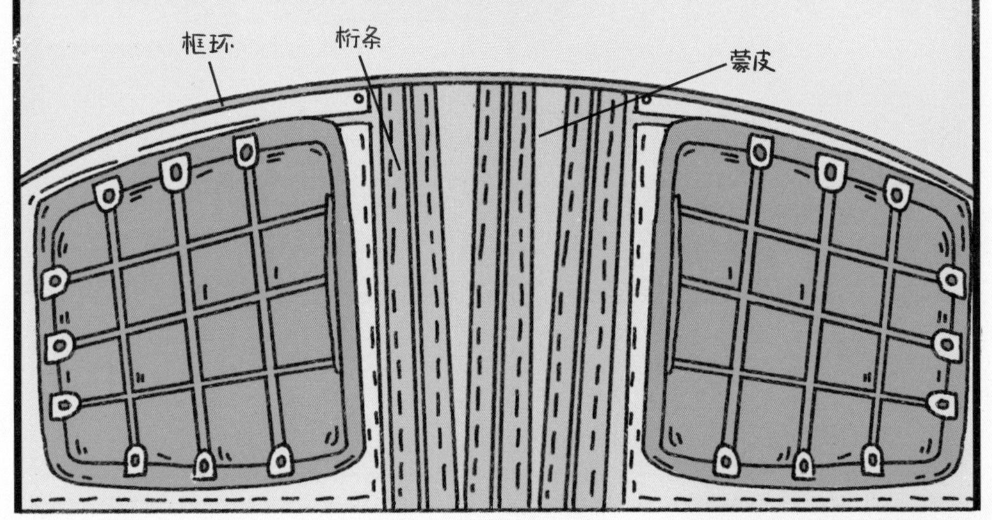

桁条、框环和蒙皮之间的关系就像是灯笼的竹条和外层纱罩之间的关系。

我是纱罩，我相当于火箭的蒙皮！
我是竹条框架，相当于桁条和框环。

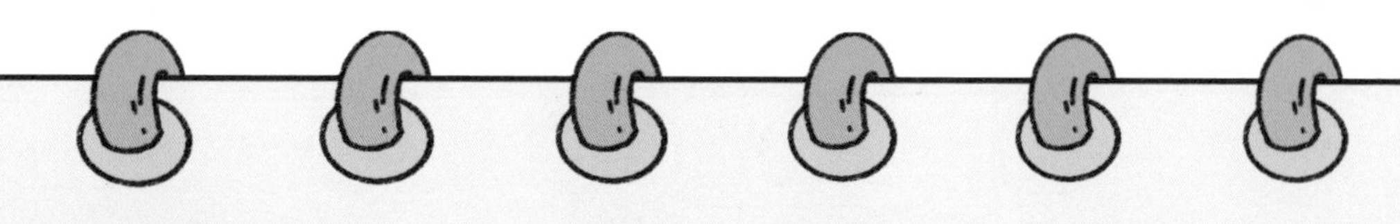

具体怎么操作才能让火箭更坚固呢？

设计人员要计算出蒙皮和框环、桁条的最佳配比，既要保证用料少，又要保证箭体坚固、可靠。

每一个壳段都要用上千个铆钉来固定，这样就保证了整体结构的强度和刚度。

我很坚固，我很可靠！
安全！
发射过程中，坚固的结构设计保证了火箭能平稳飞行。

- 第五章 -
火箭发射时为何会“腾云驾雾”？
火箭发射时，我们会看到发射架周围冒出一大片“白烟”。
你怎么发射时还放屁呢，这一堆“白烟”是不是都是你放的？
发射架
胡说！这可不是我放的！
嘚瑟
快藏不住了，其实这“白烟”都是我弄出来的！哈哈！

自我介绍一下，我是常年驻扎在发射平台下面的大水池，我的大名叫“导流槽”。
火箭发射时会产生高温火焰，我可以为其喷水降温。
我可以 24 秒喷 400 吨水。
火箭发射时，温度高达上千摄氏度。

水具有吸热能力，在吸收火焰的高温后就会变成水蒸气。
我就是这么产生的。
快跑！
站住！
站住别跑！

这样我们就安全了！
我还是个双向导流槽，可以将尾焰和水蒸气向发射台两侧喷发，这样能保护火箭和发射架。

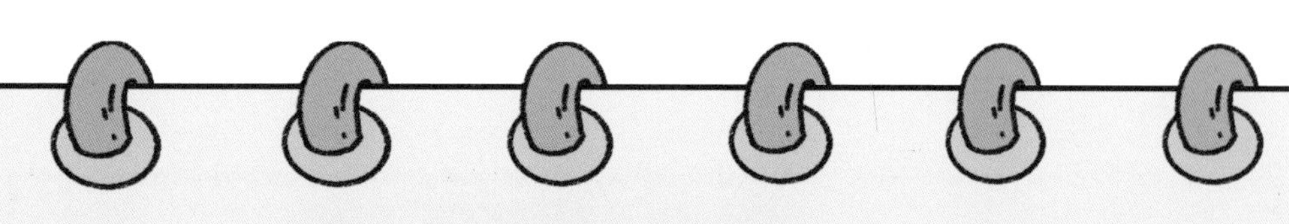

物理课堂

什么是液化？

由气态变成液态的过程，我们称为“液化”。

夏天，我们会看到雪糕上冒着白色的“烟”。水烧开时，从壶嘴里也会冒出白色的“烟”。

这两种“白烟”其实并不是水蒸气，而是水蒸气遇冷凝结成的小水珠，许许多多的小水珠聚在一起，就形成了我们眼前的“白烟”。这和火箭发射时冒出的“白烟”是一样的。

其实，我们平时看到的大雾，就是空气中的水蒸气液化形成的。

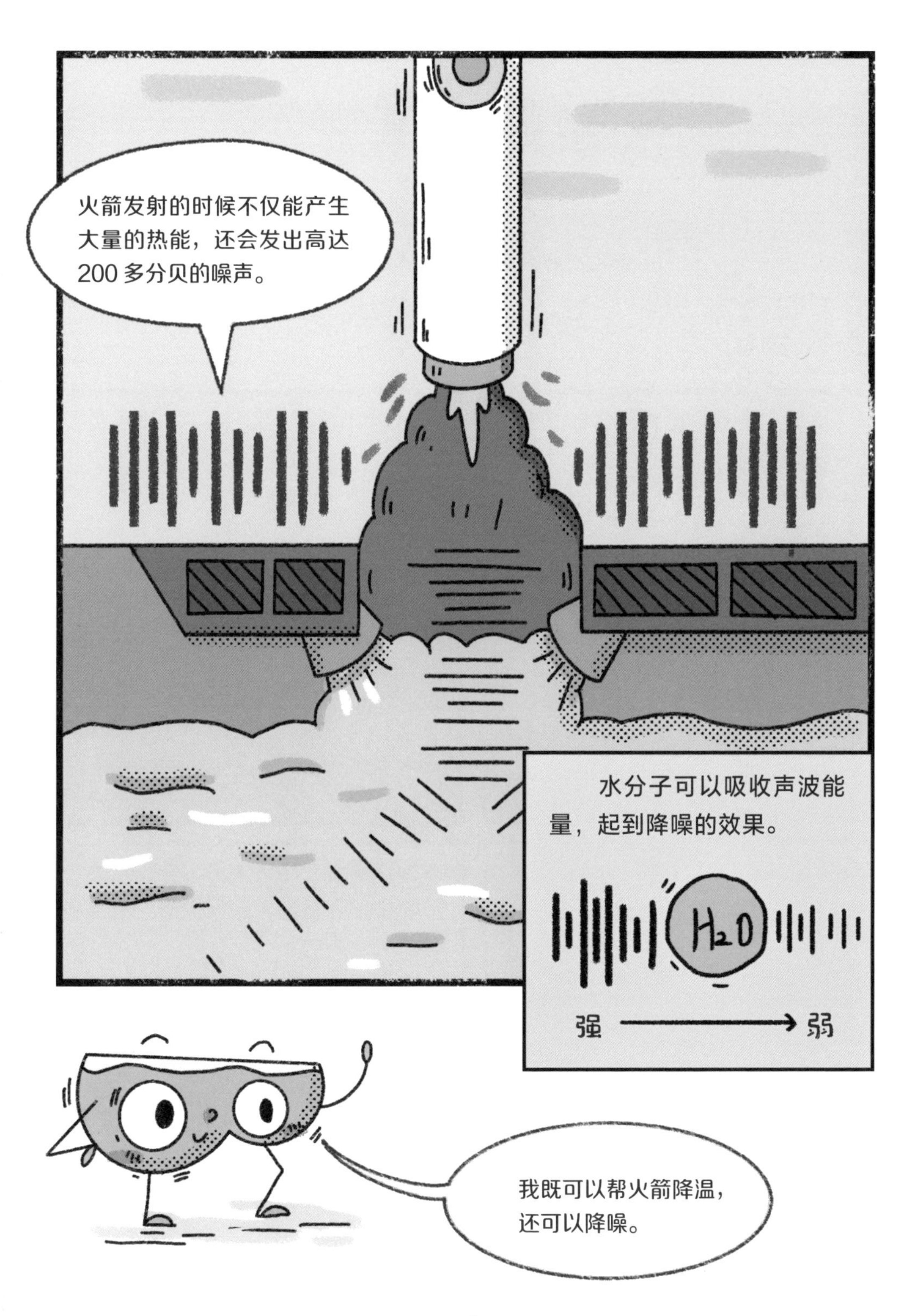

火箭发射的时候不仅能产生大量的热能，还会发出高达200多分贝的噪声。
水分子可以吸收声波能量，起到降噪的效果。
H_2O
强
弱
我既可以帮火箭降温，还可以降噪。

物理课堂

生活中常见的声音有多大？

我们在生活中常用“分贝”来表示声音的强弱。1 分贝是人们刚能听到的最微弱的声音。

人正常说话的声音大约是60分贝。

汽车喇叭的声音是 105 ~ 118 分贝。

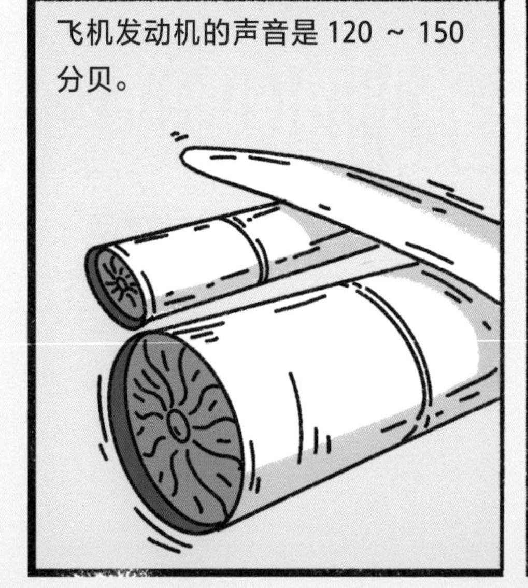

飞机发动机的声音是 120 ~ 150 分贝。

人如果暴露在高达 150 分贝的噪声环境中，有可能会暂时失聪，甚至完全失去听力。

火箭残骸

在火箭飞行过程中，掉下来的部分被称为残骸。实际上，火箭残骸分为很多种。

隔热泡沫

在火箭箭体上覆盖一层隔热泡沫，是为了让火箭推进剂的温度不过高也不过低，起保温作用。火箭发射后，推进剂就不需要保温了，这些隔热泡沫受到风力和火箭飞行速度的影响就会脱落下来。

第二种残骸是火箭上升过程中，坠落回地面的重残骸。助推器、一级火箭和整流罩，通常在离开地球大气层之前就已经脱离火箭了。
整流罩
卫星
他们说的是我！
还有我！
一级火箭

你可能会好奇，这些大家伙都掉哪儿去了？会不会砸到人或房屋？
我是谁？
我在哪儿？
啊！
啊！

别担心，每次火箭发射前，工程师们都会提前设计好残骸落点，通常他们会选择人烟稀少的区域，比如偏远山区或大漠戈壁。
终于找到你了！
啊！好疼！

回收小队正在对残骸进行切割、分解、回收。
我死而无憾！
全国人民都感谢你！

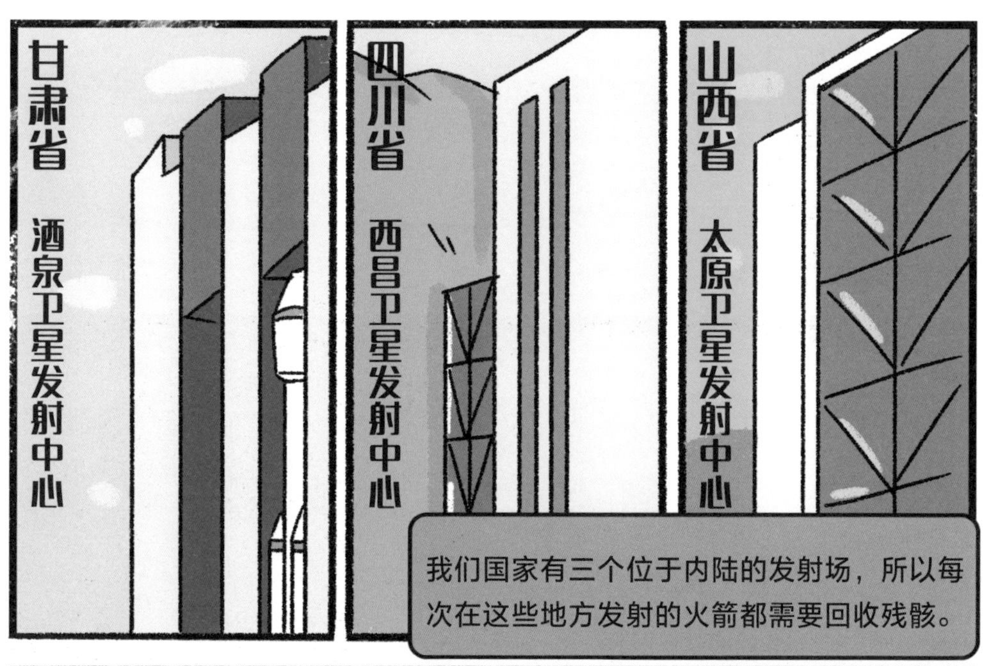

甘肃省
酒泉卫星发射中心
四川省
西昌卫星发射中心
山西省
太原卫星发射中心
我们国家有三个位于内陆的发射场，所以每次在这些地方发射的火箭都需要回收残骸。

海南省的文昌航天发射场是在海边，每次在这里发射完，火箭残骸会直接掉到海里，没有任何危险，不用回收。

文昌航天发射场欢迎您!
全是海
不怕砸

我是第三种残骸——火箭末级残骸。我是火箭的最后一级，将卫星送到太空后，才会分离、脱落。

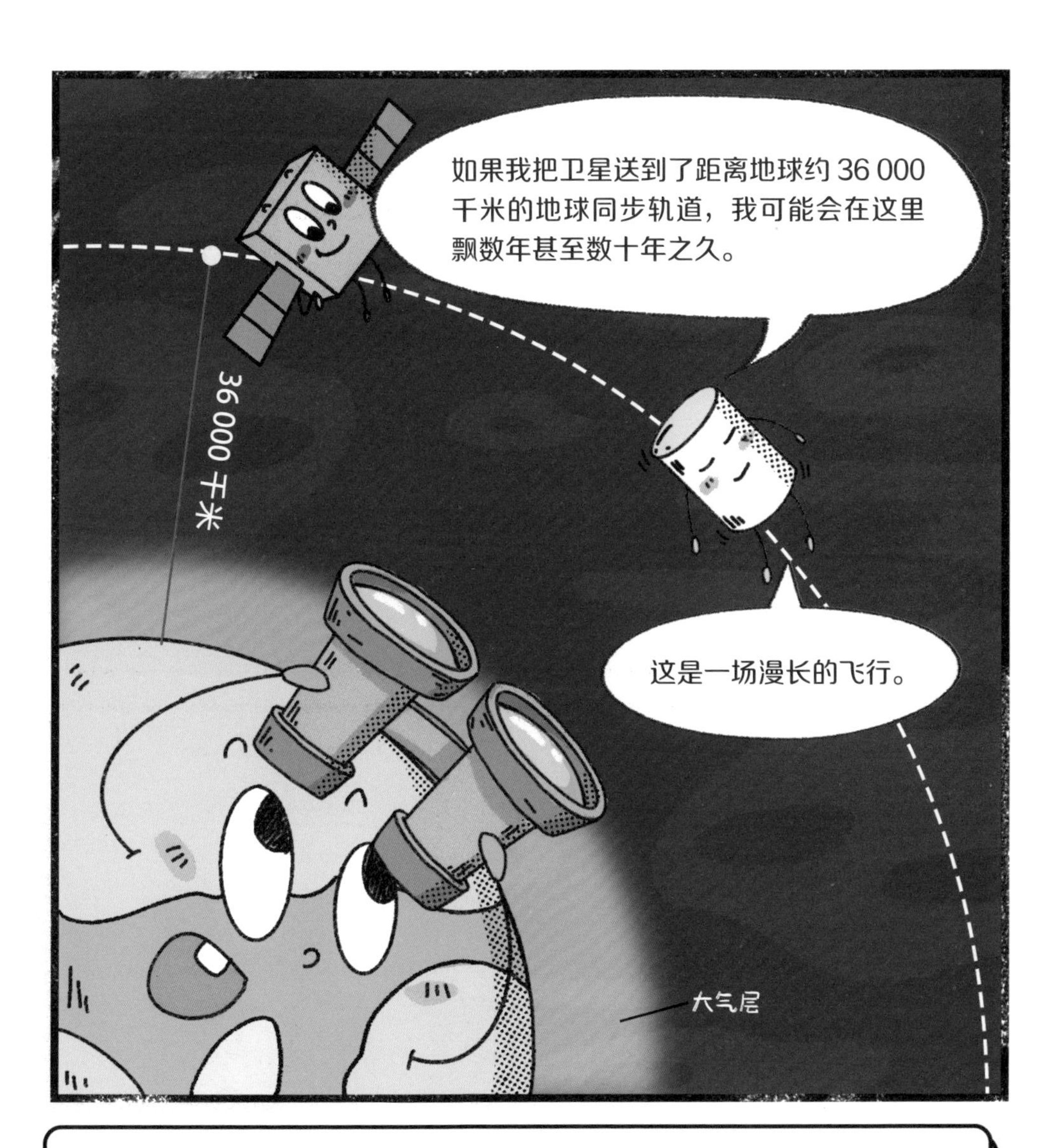

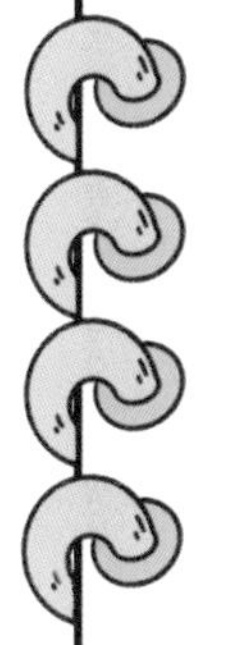

按照火箭残骸的产生过程分为三类：

第一种残骸是火箭刚发射时脱落的隔热泡沫。

第二种残骸是火箭上升过程中坠落回地面的重残骸。

第三种残骸是火箭的末级（最后一级），它和卫星、飞船等分离后，会在轨飞行或坠入大气层。

第七章

火箭都是一次性使用的吗？

我去太空了！再见！
大气层
一级火箭分离！我要掉下去啦！
火箭升空后，只有一级火箭还在大气层内，其余部分都飞到太空了，不好回收。
这技术难度可是相当高呀！你打算怎么办？
看来只能回收一级火箭了！
如果一级火箭能成功回收并重复使用，就可以使发射成本降低70%。

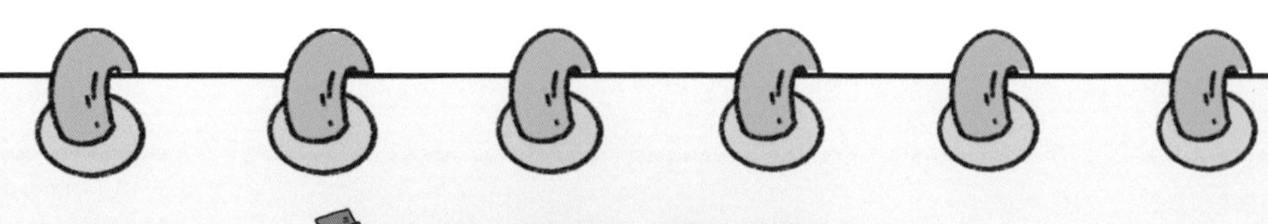

物理课堂

火箭回收的三个关键技术

RCS（反作用力控制系统）

通过喷射冷氮气，可以让火箭在空中调节姿态，让火箭垂直降落。

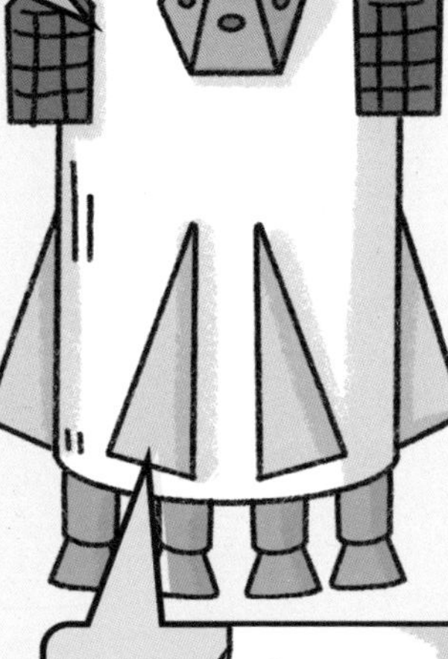

栅格翼

通过旋转 4 个栅格翼，可以让火箭垂直降落时更加稳定。

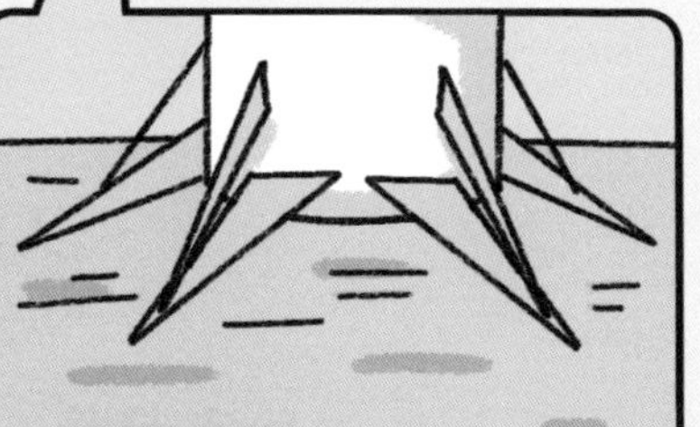

着陆支架

火箭要想稳稳地站在地上，坚固结实的着陆支架是必不可少的。

火箭回收的姿态控制和姿态稳定就是依靠 RCS 与栅格翼的完美配合实现的。

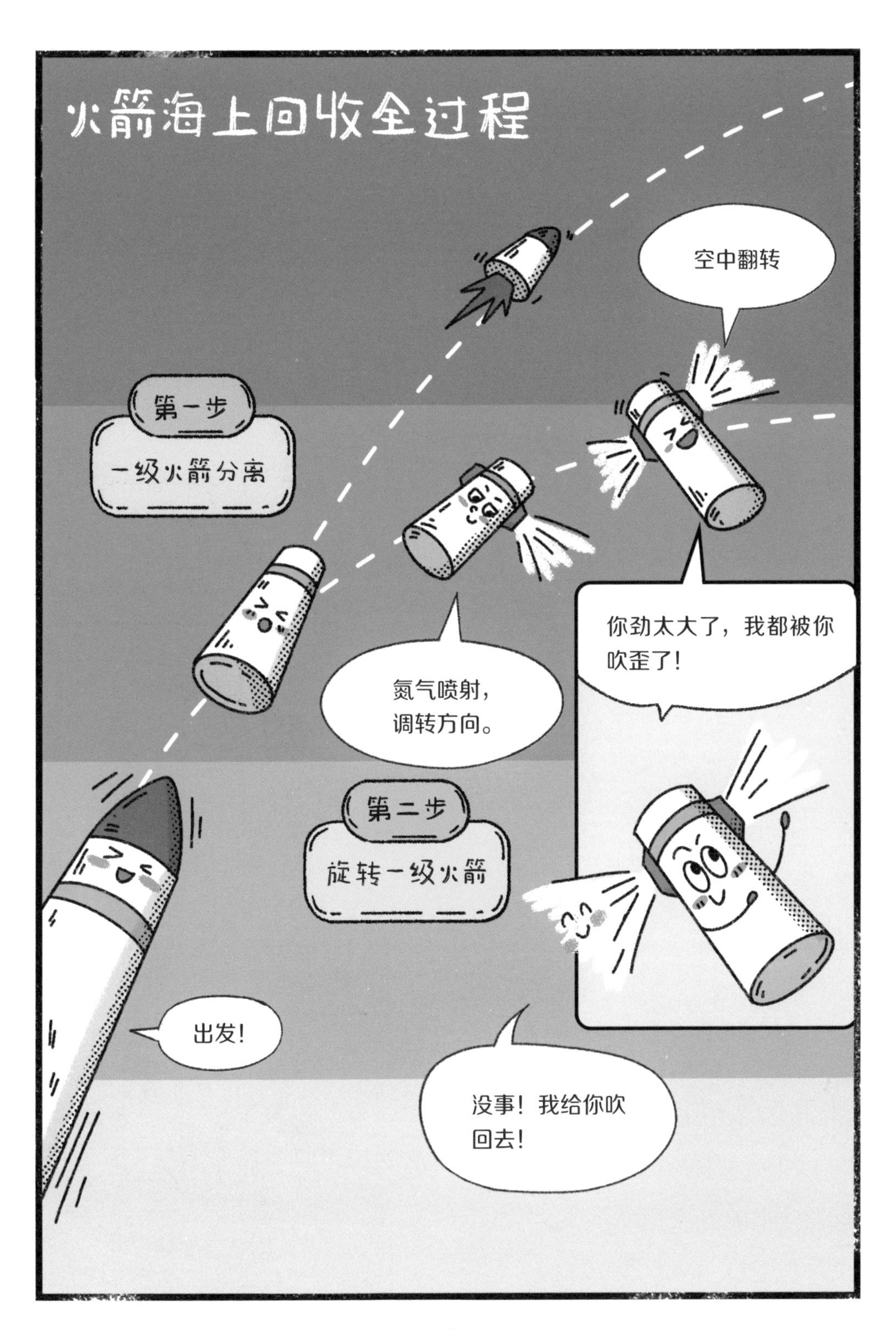
火箭海上回收全过程
出发！
第一步
一级火箭分离
氮气喷射，
调转方向。
空中翻转
你劲太大了，我都被你
吹歪了！
第二步
旋转一级火箭
没事！我给你吹
回去！

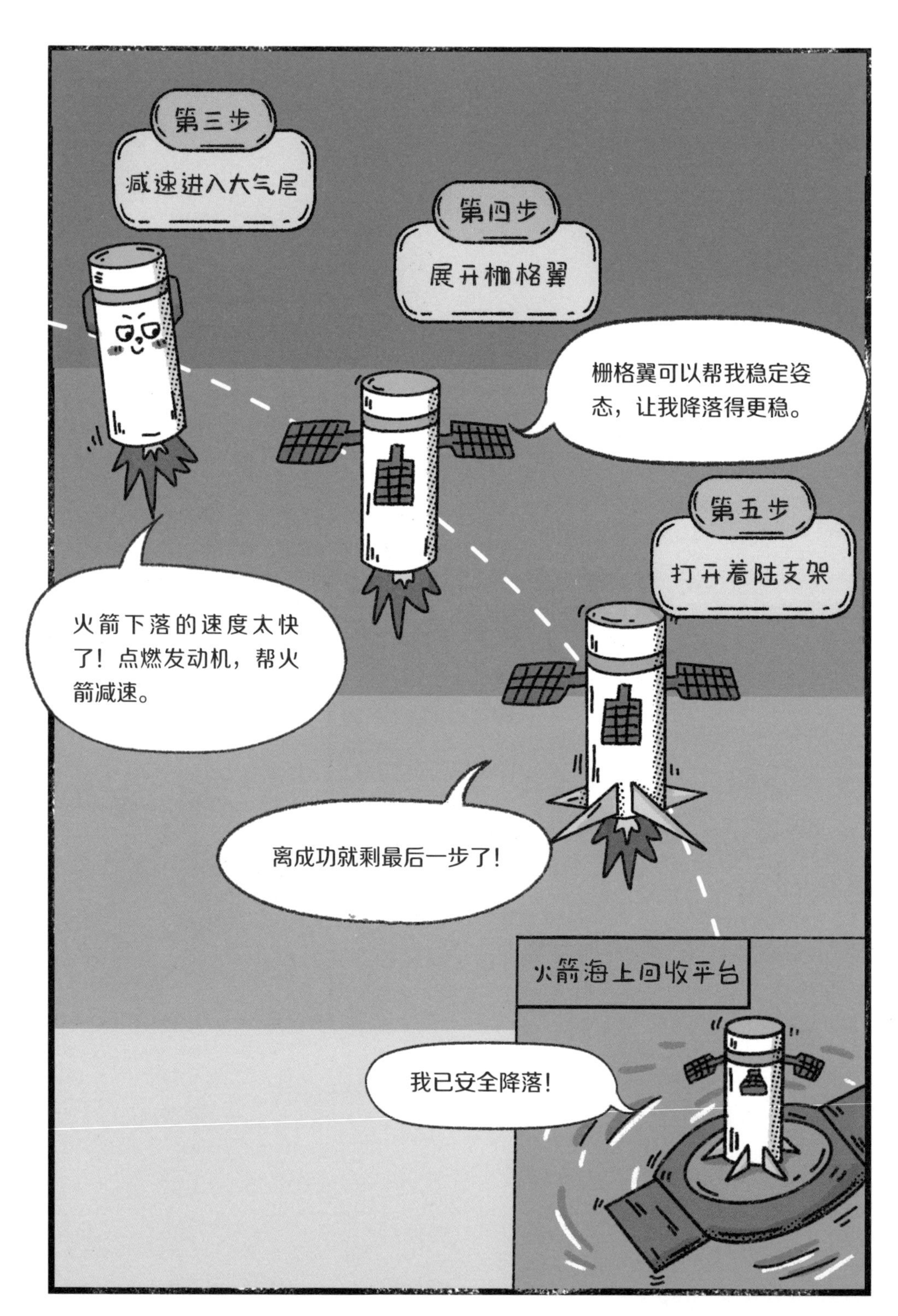
第三步
减速进入大气层
火箭下落的速度太快了！点燃发动机，帮火箭减速。
第四步
展开栅格翼
栅格翼可以帮我稳定姿态，让我降落得更稳。
第五步
打开着陆支架
离成功就剩最后一步了！
火箭海上回收平台
我已安全降落！

走，回收火箭去啦！

可回收火箭的第二次发射！
系统正常，可以继续使用。

火箭科普小问答

大鹏哥哥，一枚火箭只能发射一颗卫星吗？

那可不一定哟。发射卫星的传统方式是用一枚火箭发射一颗卫星。但现在已有“一箭多星”，就是用一枚火箭同时将多颗卫星送入地球轨道。

2023 年 6 月 15 日，长征二号丁运载火箭在太原卫星发射中心点火升空，以“一箭 41 星”的方式，将 41 颗卫星准确送入预定轨道，创造了我国一箭多星发射的新纪录。

大鹏哥哥，如果在月球上发射火箭会怎样？

这个想法很有意思！我们知道月球上的重力是地球上的六分之一，也就是说一个人在地球上跳 1 米高，到了月球就能跳到 6 米高。如果在月球上发射火箭的话，所需要的推力也只是地球上的六分之一。

此外，月球上没有空气，也就没有了空气阻力，火箭能飞得更快。那火箭所需要的推进剂肯定会更少。

编委会

审订组织

中国航天科工二院天剑人才发展中心

中国航天科工二院天剑人才发展中心是以二院党校（二院教育培训中心）、研究生院、新立技校三家培训机构为基础整合而成的综合性教育培训机构，秉承“育人为本，服务航天”的发展理念，提供航天事业人才培养全体系赋能和培训、研究、咨询、宣教一站式服务，是中国航天科工集团高素质、创新型、综合型人才培养的重要力量之一，为航天事业发展提供有力的智力支持和人才保障。依托深厚的专业背景，策划一系列独具特色的航天科普活动，开发专业的航天科普课程，用航天精神感染青少年，用航天事业鼓舞青少年，助力他们实现航天梦想。